DIE ENTWICKLUNG DER BOTANIK SEIT LINNÉ

VON

Dr. ADOLF HANSEN

ORD. PROFESSOR DER BOTANIK IN GIESSEN.

GIESSEN

J. RICKER'SCHE VERLAGSBUCHHANDLUNG

(ALFRED TÖPELMANN)

1902.

Rektoratsrede zur Feier des Jahresfestes
der Ludwigs-Universität zu Giessen, 1. Juli 1902.

Hochansehnliche Festversammlung!

Der heutige Tag gewährt mir die Ehre, vor Ihnen ein Thema aus meiner Fachwissenschaft behandeln zu dürfen. Diese Gelegenheit wird gerade der Botaniker besonders gern ergreifen. Nicht weil seine Wissenschaft unpopulär oder gemieden wäre. Im Gegenteil, sie ist schon seit Linné's Zeiten durch den Namen der scientia amabilis vor allen Wissenschaften ausgezeichnet worden. Aber vielleicht hat man sie gerade wegen dieser Bezeichnung in weiteren Kreisen nicht ernsthaft genug genommen, um ihren Fortschritten ein ebenso achtungsvolles und dauerndes Interesse entgegenzubringen, wie den meisten anderen Naturwissenschaften. Seitdem man dem Botaniker heutzutage nicht mehr in der Gestalt begegnet, wie ihn Poesie und bildende Kunst verewigt haben, — im altmodischen Anzuge, bewaffnet mit Knotenstock und grüner Pflanzentrommel — ist es immer unklarer geworden, was er eigentlich treibt.[1]) Der Gebildete erinnert sich, zwar mit gemischten Gefühlen, von der Schule her, dass die Botanik vorwiegend in der Einprägung der Linné'schen Klassennamen bestand, welche zu der anregenden Beschäftigung des Staubfadenzählens führte, ohne nennenswertes anderes Resultat. Er hat gelernt, dass die Pflanzen wesentlich die Bestimmung haben, zwischen Löschpapier getrocknet und in Mappen verpackt zu werden.[2]) Aber argwöhnisch sieht er, dass der Professor der Botanik sich mit diesen vorschriftsmässigen Dingen fast gar nicht befasst, und da man trotz des gerühmten Linné'schen Systems nicht dahin gelangt ist, eine Tanne von einer Fichte oder eine Kirschblüte von einer Birnenblüte zu unterscheiden, so lässt man die Botanik lieber ganz ihrer Wege gehen.

Das wäre nun auch das Ratsamste, wenn es immer noch bloss die Linné'sche Botanik gäbe, wie man die von 1750 bis zum ersten Drittel des 19. Jahrhunderts herrschende Richtung häufig nennt. Die Beschäftigung mit dieser Botanik würde tatsächlich den geistigen Fähigkeiten mehr schaden als nützen. Aber hier waltet nun auch ein schwerer Irrtum vor. Linné, der den meisten Laien als grösster, vielfach als einziger Botaniker bekannt ist, kann von unserem heutigen Standpunkte kaum mehr als Botaniker bezeichnet werden. Er hat unsere Kenntnis vom Wesen der Pflanze so gut wie gar nicht vermehrt, er hinterliess keine einzige grundlegende Untersuchung. Zwar nennt man sein System Sexualsystem. Das klingt wissenschaftlich, ist aber nur ein leerer Klang, von Linné's Nachfolgern fast als Reklamewort benutzt. Linné's System hat mit der Sexualität der Pflanzen so wenig zu tun, wie die Statistik über die Augenfarbe bei Schulkindern mit der physiologischen Optik. Dass die Staubfäden Sexualorgane sind, braucht man, um sie zählen und ihre Länge vergleichen zu können, nicht zu wissen. Neue Tatsachen zu entdecken, war Linné nicht gegeben, und doch war er ein hervorragendes Talent, aber von ganz besonderer, einseitiger Art, ein klassifikatorisches Genie, begabt mit einem ungemeinen Trieb zu ordnen und zu rubrizieren, dem alles, was ihm unter die Hände kam, Gegenstände und Begriffe, sofort in Klassen und Abteilungen zerfiel. Dass dieser Trieb sich vorwiegend auf die Pflanzen lenkte, war veranlasst durch das zufällige Wohlgefallen, welches er von erster Jugend an gerade an diesen Objekten fand und durch Erziehung finden musste. Der Vater, im geistlichen Amt, daneben aber ein grosser Blumenzüchter, bekränzte die Wiege des Kindes mit Blumen, Blumen waren dessen erstes und, in dem einsamen schwedischen Dorfe, lange einziges Spielzeug. Der väterliche an Pflanzen reiche Garten wurde der liebste Tummelplatz des Knaben. Bald genügte ihm der Reichtum dort nicht mehr. Er strebte über den Garten hinaus, getrieben von der Sehnsucht, nicht bloss diese, sondern alle Pflanzen kennen zu lernen, und die Befriedigung dieser Sehnsucht wurde das Ziel seines Lebens.[3])

In seiner philosophia botanica (Stockholm 1751), einem der merkwürdigsten Bücher, ordnet Linné alle Dinge und Begriffe, die mit der Botanik zusammenhängen, in Rubriken, auch die Botaniker selbst. Er bezeichnet aber nur diejenigen als echte (Botanici veri), welche alle Pflanzen mit wissenschaftlichem Namen kennen.[4]) Das vermag heute kein Botaniker mehr, und wie dürftig sähe unsere Wissenschaft aus, wenn sie weiter nichts von den Pflanzen wüsste, als die selbstgegebenen Namen.

Aber wie kommt es denn, werden Sie fragen, dass Linné's Name über ein Jahrhundert ruhmvoll überdauert? — Linné hat zwei ganz hervorragende, einzige Leistungen für seine Zeit aufzuweisen, die Einführung der heute noch im allgemeinen gültigen Nomenklatur und Terminologie und sein System. Von diesen beiden Taten wirkt die erste noch bis heute nach, das System hat nur noch historische Bedeutung. Zu damaliger Zeit war das Auftreten Linné's eine Notwendigkeit. Für seine Zeit war er wirklich der Einzige, als den man ihn pries, denn die Botanik bestand damals nicht aus Tatsachen, sondern aus Namen, und das war Linné's Feld.

Die Namengebung der Pflanzen war bis zu Linné's Auftreten eine ganz ungemein verworrene, prinzipienlose und unbrauchbare geworden. Es war schon einmal anders gewesen. Nachdem die alten Botaniker des 16. Jahrhunderts sich vorwiegend mit den heute so genannten Gattungsnamen begnügt und die Arten durch eine Reihe von Adjektiven oder kurze Beschreibungen charakterisiert hatten, führte der Baseler Anatom und Botaniker Kaspar Bauhin (1623) in seinem Pinax theatri botanici die binäre Nomenklatur ein, indem er jeder Pflanze einen Gattungs- und einen Speziesnamen gab.[5]) Auf die naive aber originell schaffende, mit Bauhin schliessende Periode des 16. und 17. Jahrhunderts folgte eine Zeit geistlosen Sammelns und Katalogisierens, wobei die Nomenklatur auf immer abschüssigere Bahnen geriet. Reisen in allen Erdteilen hatten eine Masse von

Pflanzen kennen gelehrt. In Holland, England, Frankreich waren grosse Pflanzengärten, teils von Universitäten, teils von reichen Liebhabern gegründet, voll ausländischer Schätze, aber meist ohne die gewünschte Ordnung.[6]) Erst in den letzten Jahrzehnten des 17. Jahrhunderts hatte eine rege Thätigkeit begonnen, hier Ordnung zu schaffen durch Aufstellung von Pflanzensystemen. Nicht weniger als 15 Systeme[7]) waren vor Linné entstanden. Morison und Ray in England, Rivinus (Bachmann) in Deutschland, Tournefort[8]) in Frankreich u. a. hatten sich bemüht die Pflanzen einzuteilen. Jeder suchte seinen Vorgänger zu übertreffen, aber die Einteilungsprinzipien waren keine glücklichen. Tournefort hatte endlich die Form der Blumenkrone gewählt, aber die Unterschiede auch dieses Organs reichten endlich nicht mehr aus, um alle die vielen neuen Pflanzen scharf genug zu unterscheiden. Die Unvollkommenheit dieser Grundlagen zwang immer mehr zu umständlichen Beschreibungen und die ältere einfache Nomenklatur geriet mehr und mehr ins Schwanken.[9]) Was half es, dass Rivinus auf diese Nomenklatur als die bessere hinwies, wenn er sie doch nicht anwandte. Und so finden wir endlich bei Tournefort eine ganz unbrauchbare Bezeichnung der Pflanzen. Da werden die Arten immer wieder bloss mit major und minor unterschieden, da giebt es eine Campanula vulgatior foliis Urticae vel major et asperior — eine Saxifraga verna, annua, humilior, 4 Convulvulus major, die nur durch Nüancen der nicht constanten Blütenfarben unterschieden werden u. s. f. Manche Bezeichnungen umfassten Sätze von drei, vier langen Zeilen. Das war unerträglich.

Nun kam Linné. Begabt mit dem schärfsten Blick für Verschiedenheiten, mit einem Einteilungstalent sondergleichen, damit verbunden ein immenser Fleiss, sich das Bekannte anzueignen, und die Vorsicht, aus der umfangreichen Literatur nur das herauszunehmen, was er für seine Zwecke brauchte, so trat er auf: scheinbar ein Reformator, tatsächlieh aber nur das erfolgreiche Endglied einer nach Ordnung ringenden Generation. Es ist gänzlich verfehlt, Linné mit seinen Zeitgenossen den „Reformator der Botanik" zu nennen. Das waren die Verfasser der Kräuterbücher im 16. Jahrhundert gewesen, Bock, Fuchs, Gessner u. a., die sich von dem öden Streit um die Pflanzennamen des Dioscorides durch neue, frische eigene Forschung befreiten. Auch nach Linné kamen Reformatoren der Botanik: Schleiden, Mohl, Nägeli. Linné war nur ein Reformator der Beschreibungskunst. Sein Buch, die philosophia botanica war eine botanische Sprachlehre. Er lehrte die Pflanzen einfach und klar beschreiben und einteilen, botanische Forschungsmethoden hat er nicht gelehrt. Sagt er doch selbst: fundamentum Botanices duplex est, dispositio et denominatio. Das war alles! Linné führte nun für die Denomination sofort die binäre Nomenklatur als Gesetz wieder ein. Es war nun aber keine Kleinigkeit, gegen 9000 Pflanzen neu zu benennen. Die Namen sollten nicht bloss einen Klang, sondern auch einen Sinn haben.[10]) Linné hat es verstanden, statt der zum Teil absurden alten Bezeichnungen, unter Erhaltung des noch brauchbaren, in seinen Namen die verschiedensten Beziehungen zum Ausdruck zu bringen, organographische, pflanzengeographische, historische etc.[11]) Die Arten wurden von Linné mit kurzen prägnanten Beschreibungen (Diagnosen) versehen, welche es ermöglichten, die Pflanzen ohne Vergleich oder Abbildungen zu erkennen. Zu diesen Beschreibungen brauchte er wiederum eine unzweideutige Sprache und ging daran, auch bei den Pflanzenorganen die schwankenden und unrichtigen Benennungen durch fest definierte Ausdrücke zu ersetzen. Damit schuf er die botanische Terminologie.

Seinen Zeitgenossen imponierte Linné jedoch am meisten mit seinem System. Durch die Leichtigkeit, Pflanzen zu bestimmen und fremde einzuordnen, setzte er greise Gelehrte, wie Boerhave, und Kenner der exotischen Pflanzenwelt, wie Burmann und Cliffort, in Erstaunen. Das erschien so zauberhaft, dass selbst anfängliche Gegner ihm bald anhingen. Durch seine Reisen mit zahlreichen gelehrten Berühmtheiten in persönliche Beziehung gelangt, durch ausgedehnten Briefwechsel mit allen Pflanzensammlern verbunden, liefen in seiner Hand bald alle Fäden gleicher Bestrebungen zusammen. Er war berühmt, gefeiert, vergöttert, wie selten ein Gelehrter. Schrieb man doch unter seine Bilder: Deus creavit, Linnaeus disposuit und ähnliche Abgeschmacktheiten. Linné ertrug diese Verhimmelungen sehr gut, da er ein starkes Selbstbewusstsein besass und sich zweifellos für den grössten Botaniker aller Zeiten hielt. Das äusserte er denn zuweilen in seiner kindlich gebliebenen Gemütsart. Er führt die Botaniker mit Namen als „Floras Leibregiment" auf und teilt sie nach ihren Leistungen in militärische Grade. Es giebt einen General, das ist natürlich Carl von Linnaeus, während sein Gegner Siegesbeck bloss Feldwebel wird. Gegen seine Feinde erlaubte er sich auch andere ebenso harmlose Bosheiten, indem er nach ihren Namen rauhhaarige, stachelige oder übelriechende Pflanzen benannte [12]).

Mit seinem System hatte Linné, was er bezweckte, vollkommen erreicht. Alle Pflanzen waren eingeteilt und liessen sich leicht bestimmen, auch entstand bei der glücklich gewählten Basis von Zahlen- und Grössenverhältnissen keine Schwierigkeit bei neuen Pflanzenfunden, diese einzuordnen. Dass das System aber nur praktisch, nicht wissenschaftlich ist, liegt auf der Hand: was 3 Staubgefässe besitzt, kommt in eine Klasse, ob verwandt oder nicht. Der Baldrian steht neben den Gräsern und der Schwertlilie; die mit dieser verwandten Lilien aber müssen wegen ihrer 6 Staubfäden zur ihnen fremden Berberitze und zu den Knöterichen wandern. Der eigentlichen Aufgabe der Systematik, die Pflanzen nach Verwandtschaften zusammenzustellen, war Linné nicht gewachsen. Er erkannte aber diese Aufgabe und ragte dadurch über alle Zeitgenossen hervor, dass er zuerst darauf hinwies, alle die künstlichen Systeme könnten niemals zur Aufstellung natürlicher Verwandtschaftsreihen führen. Das hatte man bis dahin gar nicht überlegt. Nun sah man ein, dass Linné Recht hatte, man liess ab von dem nutzlosen Beginnen und sein künstliches System war nicht bloss das beste, sondern auch das letzte.

Linné hatte aber das natürliche System als das Ziel der Botanik bezeichnet und er hat das Fragment eines solchen hinterlassen, jedoch in ihm selbst lag die Hemmung, das Ziel zu erreichen. Das war sein Glaube an die Unveränderlichkeit der Arten. Bei dem Standpunkte, dass alle Arten einzeln und unveränderlich erschaffen seien, war es eigentlich sinnlos, von Verwandtschaft zu reden, die doch auf Abstammung beruht. Es war ein merkwürdiger Widerspruch, dass man die Constanz der Arten festhielt, aber doch von Verwandtschaft sprach und ein System verwandter Formen aufstellen wollte. Die Vorstellung, die man mit dem Begriff Verwandtschaft in der Botanik verband, war noch ganz unklar, die Zeit für eine Einsicht noch nicht reif, es musste erst ein Darwin kommen.

Trotzdem ging man mit Energie an die langersehnte Aufstellung des natürlichen Pflanzensystems. Die Schöpfer desselben, A. L. de Jussieu, Pyrame Decandolle und Robert Brown[13]) hielten zwar selbst ebenfalls noch an der Constanz der Arten fest und standen also in dem alten schneidenden Widerspruch mit ihrem Ziele. Es blitzten aber doch schon bei Decandolle unbewusste Ahnungen der Descendenz durch. Die Grundlegung des natürlichen Systems begann mit der Begrenzung der heute sogenannten Pflanzen-Familien. Dazu gehörte aber ein gründliches Studium nicht bloss einer, sondern aller Eigenschaften der Pflanzen, denn nur so konnte man herausbekommen, welche Merkmale einer solchen Familie zukommen. Zahlreiche monographische Arbeiten mussten dem System vorausgehen und so schufen jene Forscher erst als Grundlage der neuen Systematik eine ganz neue Wissenschaft, die Morphologie, die genaue Kenntnis der Form- und Symmetrieverhältnisse der Organe. Dabei vertiefte man sich in ganz anderer Art, als die Linnéaner, in die Organisation der Pflanzen. Mit grossem Erfolg erforschte R. Brown den Bau des Samens und die Bildung des Embryos, er erkannte die Verschiedenheit der Blüten der Coniferen und Cycadeen von denen der Dicotylen, zu denen sie noch immer gerechnet wurden. Er fand, dass das dort als weibliche

Blüte bezeichnete Gebilde bloss die hüllenlose Samenknospe sei, und bewies damit die Gymnospermie der Zapfenträger. Er entdeckte auch den Zellkern, verfolgte die Pollenschläuche bei den Orchideen bis zum Embryosack und bahnte dadurch die spätern Untersuchungen über Befruchtung an. Decandolle, fruchtbar in überaus zahlreichen morphologischen Arbeiten, stellte eine Theorie der Klassifikation und Beschreibung der Pflanzen auf. Seine Herausgabe des Prodromus systematis naturalis mit der Beschreibung aller bekannten Arten war ein Riesenwerk. Daneben schrieb er noch das erste wissenschaftliche Lehrbuch der Physiologie. Endlicher, Brongniart, Lindley versuchten das System durch Fassung der Hauptabteilungen und Ordnung der Familien auszubauen, wobei freilich durch falsche Verwendung und Deutung physiologisch-anatomischer Merkmale manch arger Fehler mit unterlief. Aber auf den Schultern aller dieser Männer steht die moderne Systematik, geläutert und berichtigt durch die seither ungemein angewachsene botanische Literatur. Eichler in Deutschland, Bentham und Hooker in England stellten das System neu auf, in neuester Zeit auch Engler, der, ausgerüstet mit einer ungemeinen Arbeitskraft und grosser Produktivität sowie der Fähigkeit, einen Stab von Mitarbeitern zu gewinnen, mit grösserem Erfolg als Decandolle nach dem Ziele strebt, alle bekannten Arten zu beschreiben.

Allein die Systematik ist trotz dieser Entwicklung nicht mehr als der Hauptstamm der heutigen Botanik zu betrachten. Neue mächtige Triebe haben diesen ersten bei Seite gedrängt und sich in gleicher Kraft entwickelt.

Die Linné'sche Botanik hatte eines so gut wie ganz beseitigt, das Bewusstsein, dass die Pflanze ein lebendiger Organismus sei. Eine lebende Pflanze hatte damals nur ein beschränktes Interesse. Sie war vielleicht ein Gegenstand ästhetischen Wohlgefallens, aber kein Gegenstand der Wissenschaft. Erst wenn die Pflanze zwischen Papier getrocknet, gestorben und vollständig zur Mumie geworden, war sie heilig und würdig, als Objekt der Wissenschaft zu dienen. Das begann sich nun schon durch Decandolles und R. Browns Vorgehen zu ändern. Der Unzahl geistloser Menschen, welche nach dem von Linné gegebenen Schema sich auf wohlfeile Weise Gelehrtenruhm verschafften, wurde es langsam schwerer, sich als die wahren Botaniker zu gerieren.

Die Zellenlehre, die Theorie der Pflanzenernährung und der Darwinismus, welche ich als die drei Glanzpunkte in der modernen Botanik bezeichnen möchte, erhoben sich in stetigem Wachstum, die Botanik den übrigen Naturwissenschaften ebenbürtig machend. Es ging aber nicht ab ohne einen Kampf gegen die Botanici veri im Linné'schen Sinne, deren Wirken noch bis in die ersten Jahrzehnte des eben verflossenen Jahrhunderts tiefe Schatten warf. Aber hier erstand ein mächtiger Rufer im Streit gegen die Pseudowissenschaft. Das war Matthias Jacob Schleiden.[14]) Im Jahre 1842 erschien sein Lehrbuch, welches mit unverkennbarer Absicht den Titel trug: Grundzüge der wissenschaftlichen Botanik. Ja, war es ein Buch?

Dies Buch war wie ein Sturm, der unvorhergesehen daherfährt. Es war geschrieben in heiligem Zorn, in göttlicher Grobheit, um Bahn zu machen für echte Wissenschaft. Da wurden Berühmtheiten wie Raspail und Turpin der arroganten Unwissenheit, Meyen der Leichtfertigkeit und Unredlichkeit geziehen. Corda und andere kamen ebenso schlecht weg. Die Nachahmer Linné's, in deren Händen bis dahin fast überall der botanische Unterricht lag und die unter dem Namen Botanik den Studierenden geistlose Lehrsätze einprägten oder sie lieber noch, als in Wald und Wiese, im Staube der Herbarien herumstöbern liessen, wurden als das imitatorum vile pecus unzweideutig bezeichnet; daneben aber echte Forscher, ein Brisseau-Mirbel, R. Brown, Hugo Mohl, Liebig u.a. gewürdigt. In seiner übertriebenen Kampfeslust meist zu weit gehend, schlug Schleiden mit der Vernichtung der falschen Autoritäten glänzend durch. Wenn er selbst wenig Bleibendes geschaffen, in seinen Theorien über Zellbildung und Befruchtung so irrte, dass sich zwischen ihm und seinen Freunden heftige polemische Fehden entspannen, so hatte er den wahren Generälen aus Floras Leibregiment, einem Mohl, Nägeli, Hofmeister das Feld geebnet. Das bis dahin verdeckte Ziel der Botanik wurde auch Fernerstehenden hell beleuchtet. Die Botanik erhob sich von einer Dogmatik in Form lateinischer Lexica zu einer wahren Naturwissenschaft in Methode und Darstellung. An Stelle der scholastischen Methode trat die entwicklungsgeschichtliche. Somit verdient Schleiden trotz aller Schwächen den Namen eines Reformators der Botanik.

Schleidens Name hängt eng zusammen mit der vorhin als eine Haupterrungenschaft moderner Botanik bezeichneten Zellenlehre. Schon 1667 hatte ein genialer Mikroskopiker Robert Hooke entdeckt, dass die Pflanzenteile nicht aus homogener Substanz bestehen, sondern aus Gebilden zusammengesetzt sind, die er mit den Bienenzellen verglich. Der Begründer der Pflanzenanatomie Nehemiah Grew (1671) hatte das in seiner umfangreichen Anatomie bestätigt und weiter ausgeführt, ohne aber das Wesen dieser Zellen klar zu erkennen. Man hielt die Zellen im allgemeinen für mikroskopische mit Luft oder wässerigem Saft erfüllte Bläschen, der wie Corti 1774 entdeckte sich in den Zellen strömend bewege. Diese Probleme zogen Schleiden aufs höchste an. Seine Untersuchungen ergaben, dass der von Brown entdeckte Zellkern allen Zellen zukomme, was sicher etwas Wichtiges bedeute. Aber nun sprang Schleiden ohne weiteres von der Basis sicherer Beobachtung in das Gebiet der Phantasie über und stellte seine Zellentheorie auf, welche lautete, dass neue Zellen dadurch entstünden, dass Gummi und Pflanzengallerte sich um neu entstandene Zellkerne lagerten und durch Bildung einer Haut die Zelle selbständig werde. Diese zunächst gepriesene Theorie wurde bald heftig angegriffen. Nägeli wies durch ausgedehnte und sorgfältige Beobachtungen nach, dass eine allgemeine Zellbildungstheorie gar nicht möglich sei, da die Zellen auf mehrfache Weise entstehen, in der Regel durch Teilung. Die Theorie Schleidens musste, wie ihre Vorgängerinnen, fallen, wirkte aber als Antrieb, sich um so mehr dem mikroskopischen Studium der Zelle selbst zuzuwenden. Epochemachend war es, dass Schwann 1839, an Schleidens Zellenlehre anknüpfend, erkannte, dass auch der tierische Körper aus ähnlichen Zellen bestehe. Alle diese Untersuchungen wurden freilich erst möglich durch die Entwickelung des Mikroskops und der mikroskopischen Beobachtung, welche aber gerade durch das Bedürfnis einen rechtzeitigen Aufschwung nahm. Immer mehr wurde zunächst bei den Pflanzen die grundlegende Erkenntnis gewonnen, dass die Zellen nicht bloss die Bausteine, sondern die lebendigen Bausteine der Organe seien.

Mohl entdeckte 1848, dass der Inhalt der Zellen weder Luft noch wässeriger Saft, sondern eine lebendige Substanz von merkwürdigsten Eigenschaften sei, die er Protoplasma nannte. Das Protoplasma macht die Zelle zum lebendigen Wesen, es ist der Träger aller Lebensregungen und Lebenserscheinungen. Diese Entdeckung wurde besonders fruchtbar, nachdem Cohn und Unger sich dahin geäussert, dass die Sarkode in den Zellen der Tiere mit dem Protoplasma der Pflanzenzelle übereinstimme. Nun übernahmen die Tieranatomen und Physiologen die ganze Zellenlehre fix und fertig von der Botanik, welche dadurch einen fundamentalen Einfluss auf die gesamten biologischen Wissenschaften ausgeübt hat. Die Zellenlehre aber zog die weitesten Kreise in der Botanik selbst. Die glänzenden Untersuchungen Hofmeisters über die Embryobildung der Phanerogamen (1849) verfolgten die Entstehung des Pflanzenkeimes von der Eizelle an und wurden getragen von dem Lichte, welches die Zellenlehre auf alle Entwickelungsvorgänge geworfen hatte. Selbst die alternde Systematik nahm Teil an dem von dieser modernen Forschungsmethode ausgehenden strahlenden Lichte und empfing von hier neues Leben. In glänzendster Weise wurde in Hofmeisters „Vergleichenden Untersuchungen“ der Nachweis erbracht von der bis dahin nicht geahnten engen Verwandtschaft der grossen Reihen der

Moose, Farne, Lycopodiaceen, Coniferen, Mono- und Dicotyledonen untereinander. Und diese grossartige, in der Geschichte der Botanik einzig dastehende Leistung rührte — o, göttliche Ironie! — nicht her von einem Pflanzentrockner und „botanicus verus“, sondern von dem Buch- und Musikalienhändler Wilhelm Hofmeister aus Leipzig[15]), der auf Grund solch ungewöhnlicher Leistungen aus dem Kaufmannsberuf 1863 zum Ordinarius nach Heidelberg berufen wurde. Ueberall war es die Zellenlehre, welche Unbegreifliches begreiflich machte, die Anatomie der höheren Pflanzen so gut wie die von Thuret und Pringsheim entdeckten Befruchtungsvorgänge bei den Algen mit ihren merkwürdigen, tierähnlichen Bewegungserscheinungen, und die durch de Bary begonnenen, von seinen Schülern fortgeführten Studien über Entwickelung der Pilze, deren Methodik gleichzeitig die Grundlagen gab für die später von der Botanik sich selbständig machende Bakteriologie.

Noch immer steht heute die Zellenlehre im Mittelpunkt nicht bloss der botanischen, sondern überhaupt der biologischen Forschung, wie die Arbeiten Strasburgers und Flemmings u. a. über Kernteilung und Membranbildung und die hervorragenden Arbeiten Pfeffers über Physik und Chemismus der Zelle am besten zeigen. Die durch die Zellenlehre eng verschwisterte Botanik und Zoologie sind verbunden geblieben in der generellen Behandlung des Befruchtungsproblems bei Pflanzen und Tieren. So darf denn die Zellenlehre als eine der weittragendsten naturwissenschaftlichen Erkenntnisse überhaupt bezeichnet werden.

Die Zellenlehre hatte eine vielleicht geahnte, aber in dieser Form jedenfalls unerwartete Uebereinstimmung von Pflanzen- und Tierreich klar gelegt, die Ernährungslehre zerstörte im Gegenteil den von Aristoteles begründeten Glauben an der Gleichheit aller Vorgänge bei Tieren und Pflanzen. Um so schlagender trat aber trotzdem die wahre nahe Beziehung dieser beiden Reiche hervor, vor allem die Notwendigkeit der Existenz einer Pflanzenwelt auf unserer Erde für alles tierische Leben.

Lange hatte die aristotelische Ernährungslehre den Blick getrübt. Sie nahm an, alle Pflanzennahrung läge fertig im Boden bereitet und werde durch die Wurzeln nur aufgenommen. Was Caesalpin und andere hinzugetan, entsprang keiner Beobachtung, sondern Reflexionen und Analogieschlüssen aus dem Tierreich. Ueberlegungen hätten das Irrtümliche dieser Ansichten aufdecken können, zumal wenn man die richtigen Andeutungen von Jungius und Hales (1727) beachtet hätte.

Die beiden Hauptpunkte der Ernährungslehre sind die, dass die Pflanzen keine feste kohlenstoffhaltige Nahrung, also Eiweiss, Fette, Kohlehydrate wie die Tiere, sondern ein Gas aufnehmen: die Kohlensäure der Luft; und dass erst in den grünen (chlorophyllhaltigen) Organen unter Mitwirkung des Sonnenlichtes feste Pflanzenstoffe gebildet werden. Diese Theorie wurde erst 1796 von dem holländischen, in England lebenden Arzt und Naturforscher Ingenhousz ausgesprochen. Der Genfer Théodore de Saussure[16]) ergänzte die Theorie durch den auf Grund gasanalytischer Untersuchungen geführten Nachweis, das die Pflanzensubstanz aus Kohlensäure und Wasser entstehe. Zugleich zeigte er, dass die Pflanzen dem Boden kleine Mengen von Salzen zur Ernährung entziehen. Damit waren bis 1804 die Grundzüge der Ernährungslehre festgestellt. Experimentelle Untersuchungen galten jedoch damals nichts in botanischen Kreisen und so kam es, dass diese bahnbrechenden Entdeckungen teils bekämpft, meist gar nicht beachtet wurden. Man kehrte zu der alten Anschauung zurück, dass alle Pflanzennahrung aus dem Boden stamme, hielt besonders den Humus für massgebend und verlor damit auch das Verständnis für die Bedeutung der Blätter wieder. Erst durch einen lebhaften Kampf wurden die Beobachtungen und Theorien von Ingenhousz und Saussure wieder zu Ehren gebracht und ihr Vorkämpfer war Justus von Liebig[17]). Mit genialem Blick hatte er diese Wahrheiten erkannt und griff damit in die Praxis über, einen fundamentalen Umschwung in der Landwirtschaft anbahnend. So vollzog sich die erste fruchtbringende Verbindung biologischer Wissenschaft mit praktischer Ausübung, die in unserer Zeit sich mit glücklichem Erfolg wiederholt.

Die Anwendung auf die Landwirtschaft übte manche wichtige Rückwirkung auf die Wissenschaft. Die Gründung zahlreicher landwirtschaftlicher Versuchsstationen, die sich vorwiegend mit Prüfung der Ernährungslehre befassten, brachten manche wissenschaftliche Frage der Lösung näher; in neuerer Zeit namentlich die Frage der Stickstoffernährung. Schon zu Liebigs Zeiten aber war es klar, dass die grünen Pflanzen die alleinigen Erzeuger der organischen Substanz auf unserer Erde sind, und damit erschienen sie in ihrer wahren Bedeutung für alles tierische Leben, nämlich als die Ernährer der Tiere. Doch fehlte noch ein wichtiger Abschluss der ganzen Ernährungslehre, so lange man nicht wusste, welcherlei Substanzen die Pflanzen aus der Kohlensäure bildeten. Denn dass nicht sogleich fertige Zellen gebildet werden können, ist einleuchtend. Die Tatsache, dass die grüne Farbe der Pflanzen eine Vorbedingung der Kohlensäurebindung ist, veranlassten Mohl und Sachs[18]) zu eingehenderer Untersuchung des Chlorophylls, wobei die Stärkeeinschlüsse von Mohl entdeckt wurden. Doch erst Sachs zog aus dem allgemeinen Vorkommen der Stärke im Chlorophyll den Schluss, dass diese Substanz das Produkt der Photosynthese sei, was durch experimentelle Feststellung der Bedingungen der Stärkebildung unumstösslich bewiesen wurde.

Durch die Ernährungslehre hatte man gelernt, mit Pflanzen zu experimentieren. Die Pflanze erschien aufs deutlichste abhängig von äusseren Bedingungen und Kräften. Man kann sagen, dass die Ernährungslehre den Anstoss gegeben hat zur Entwickelung einer experimentellen Pflanzenphysiologie, die durch Sachs ausgebildet in Pfeffer's Handbuch des Stoff- und Kraftwechsels als achtungswertes System vorliegt. Nicht nur Einsichten in die Vorgänge der Atmung, Bewegung und des Wachstums der Pflanzen haben sich als umfangreiche Kapitel der Ernährungslehre anschliessen können. Auch die Pflanzengestalt unterliegt als etwas Werdendes nicht bloss mehr der vergleichenden Betrachtung, sondern der Erforschung, und als experimentelle Morphologie hat die Pflanzenphysiologie begonnen, sich dem höchsten Problem, der ursächlichen Erklärung der Pflanzenform im einzelnen, zuzuwenden[19]).

Und nun noch ein kurzes Wort über den Darwinismus. Die populärste Leistung Darwins, seine Durchringung der Abstammungslehre, hat in der Botanik nicht im entferntesten den Anstoss zu neuer Gestaltung der Wissenschaft gegeben wie in der Zoologie, oder gar die Aufregung verursacht, wie in unserer gesamten Kultur. Das Dogma von der Konstanz der Arten, obgleich von Linné so bestimmt formuliert und nachgesprochen, hat in der Botanik doch niemals die Bedeutung und Triebkraft einer wissenschaftlichen Ansicht gehabt, sondern ist immer mehr Sache des blossen Glaubens geblieben. Man hat an diesem Glauben lange festgehalten, wie man an altgewohnten anfechtbaren Meinungen über tägliche Beobachtungen festhält, ohne sie zu Prinzipien zu erheben. Schon vor Darwin hatten die Botaniker, durch Unger's und Nägeli's Ansichten auf den Umschwung vorbereitet, in Hofmeister's genetischen Untersuchungen die Beweise für die Descendenzlehre längst in der Hand. Man fand also keine Schwierigkeit, Darwin zuzustimmen und legte auf die vorher gewohnte Auffassung der Arten so wenig wissenschaftliches Gewicht, dass man es gar nicht einmal störend findet, trotz der neuen Basis, auch heute noch von Arten in der alten Weise zu sprechen, mit demselben Rechte, mit dem der Astronom sich nicht scheut, von Sonnenaufgang und Sonnenuntergang zu reden.

Im Gegensatz zur Descendenzlehre hat aber der eigentliche Darwinismus für die heutige Botanik grosse Bedeutung gewonnen auf den Gebieten, die die Physiologie wohl im allgemeinen, nicht aber im einzelnen bearbeiten konnte, ich meine die Anpassungserscheinungen. Darwins Lehre von der natürlichen Zuchtwahl hat allerdings gerade von der Botanik nur geringe Bestätigung erfahren. Die Grösse Darwins wird dadurch aber nicht erschüttert, es bleibt ihm das Verdienst, das eigentliche Ziel, eine Theorie der Anpassungen zu finden, aufgedeckt zu haben. Die botanische Morphologie hat trotz ihres Fortschrittes nach Linné noch lange, bis über die Mitte der 70er Jahre des letzten Jahrhunderts hinaus, ihren Weg einseitig verfolgt. Sie übersah, dass sie nicht selbst das Ziel sei. Erst Darwins Einfluss hat die Richtung auf den Punkt gewiesen, wo Morphologie und Physiologie sich begegnen. Immer klarer ist es geworden, dass das Studium der Formen ohne Hinblick auf die Leistung der Organe etwas halbes ist, dass Form und Aufgabe der Organe zusammenstimmen. So erhob sich die Morphologie zur Organographie. Von Hofmeister und von Sachs in seinen letzten Arbeiten ausgebaut, wurde sie in neuester Zeit gegen die immer noch von einzelnen Forschern verteidigte „reine Morphologie" in Goebels an Material reicher „Organographie der Pflanzen" fester begründet, als bis dahin.

Die Anpassungslehre Darwins hat aber noch einen letzten Teil der Botanik aus einer ästhetisierenden Halbwissenschaft zur wahren Wissenschaft erhoben, die Pflanzengeographie.

Seit Humboldts Auftreten wandelte sie, soweit sie nicht auf der noch unsicheren Basis der Palaeontologie fussen konnte, auf den Pfaden blosser Physiognomik. Die Anpassungslehre hat ihr erst zu einem Prinzip verholfen.

Wenn Sie mir entgegnen möchten: ist denn die „Anpassung" nicht bloss ein leeres Wort, so fehlt es mir hier an Zeit, diesen Irrtum ausführlich zu widerlegen, ich muss auf Ihr Vertrauen rechnen. Aber das Gewicht dieses Begriffes möchte ich wenigstens andeuten. In der Fähigkeit der Anpassung haben wir eine wesentliche Eigenschaft des lebendigen Organismus erkannt, die ihn vom Mechanismus, von der Maschine unterscheidet, mit der die Materialisten das Lebewesen so gern und so falsch vergleichen. Die Anpassung setzt die Änderung der Eigenschaften voraus. Unsere Maschinen müssen aber möglichst unveränderlich sein, jede Veränderung würde ihren Stillstand bewirken. Wenn eine Maschine, etwa eine gute Taschenuhr, anfinge sich anzupassen, würden wir in die grösste Verlegenheit geraten. Ganz im Gegensatz zu der einseitigen Maschine ermöglicht die Anpassung dem Organismus auch das Entgegengesetzte zu leisten. Wenn z. B. das Blatt eine dünne durchscheinende Lamelle und doch fest sein, wenn es Wasser verdunsten aber doch nicht vertrocknen soll, wenn sich der heliotropische Blütenstiel einer Blüte vor der Befruchtung dem Lichte und den anfliegenden Insekten zuwendet, nach der Bestäubung sich in entgegengesetzter Richtung krümmt, oder wenn ein Getreidehalm, um die Last der Ähre zu tragen, die Steifheit einer Säule besitzen, dabei aber auch die Fähigkeit haben muss, zu wachsen d. h. sich zu dehnen. Das sind die eigentlichen Rätsel. Pflanzenstengel gleichen in vielen Punkten den mechanischen Konstruktionen des Ingenieurs, eine wachsende Säule aber würde die Mechanik nicht herstellen können. Und so könnten wir beinahe sagen: In der Anpassung haben wir das Leben.

Anmerkungen.

[1]) Dieses „historische" Kostüm ist schon von Linné in seiner philosophia botanica, wo alles, was mit der Botanik zusammenhängt, in feste Formen gebracht ist, sanktioniert worden. Beim Pflanzensammeln schreibt er vor: Vestitus levissimus, laxissimus, Botanicis proprius, negotio aptissimus. In einer Anmerkung wird der Anzug noch näher erläutert.

[2]) Wenn auch vielfach der botanische Unterricht dort, wo zufällig ein fachmännisch gebildeter botanischer Lehrer vorhanden ist, besser geworden, so ist doch im allgemeinen der botanische Unterricht ganz besonders verbesserungsbedürftig. Es wäre endlich einmal an der Zeit, dass das Linné'sche System aus der Schule und aus den Schulbüchern verschwände. Wie tief die Lehrer noch in der Bewunderung des Linné'schen Systems und des Pflanzentrocknens stecken, lehrt ein Vortrag auf der 10. Hauptversammlung des Vereins sächsischer Realschullehrer 1901, in dem beides als unumgänglich empfohlen wird. Mit dem Linné'schen System kann zwar bald jedes Kind gesammelte Pflanzen in Klassen ordnen und ein „Herbarium" anlegen, Botanik wird es dabei nicht für einen Pfennig lernen. Denn für den Unterricht ist es, nachdem die ersten Schritte blosser empirischer Artenkenntnis gemacht sind, die übrigens schon in der Kinderstube beginnen können, viel nützlicher, die natürlichen Gattungen kennen zu lernen, als zusammenhanglos Arten zusammenzulesen. An der Hand des Linné'schen Systems lernt man aber keine natürlichen Gattungen kennen, nicht einmal Familien, mit Ausnahme von den wenigen zufällig in einigen Klassen Linné's sich zusammenfindenden. Man kann aber nur auf der Kenntnis der natürlichen Abteilungen weiterbauen, nicht auf der blossen lückenhaften Artenkenntnis, wie sie der Schüler doch nur besitzen kann.

Ebenso unpädagogisch ist das Pflanzentrocknen, welches neben dem Linné'schen System als beste Einführung in den botanischen Unterricht ganz allgemein empfohlen wird. Die Lehrer, die es empfehlen, vergessen ganz, dass das Pflanzenpressen nur ein ganz dürftiger Notbehelf für den Fachbotaniker ist, Material für systematische Untersuchungen, gelegentlich auch für mikroskopische, aufbewahren zu können. Da der Schüler aber keine systematischen Untersuchungen anzustellen hat, so lernt er an den getrockneten Pflanzen gar nichts. Das Pflanzenpressen ist eine ganz zwecklose, unnötige Zeitvergeudung für die Schule. Wenn ein Schüler einmal mit auf die Reise genommen wird, mag er auch einmal fremde Pflanzen, wie ein Botaniker, mit heimbringen, falls ein besonderes Interesse vorliegt. Die einheimischen Pflanzen soll er seinem Gedächtnis, nicht seiner Pflanzenmappe einverleiben. Er soll die Pflanzen immer wieder ansehen, anstatt sie unbesehen in sein Herbarium zu legen. Es ist die höchste Zeit, dass das Missverständnis, welches hier vorliegt, aufgeklärt wird. Freilich ist es bequemer, anstatt eine lebende Pflanze verständnisvoll zu erklären und zu vergleichen, die Schüler anzuweisen, sie „möglichst rasch" zwischen Löschpapier zu legen und die Schüler statt lebendiger Anschauung mit einem lateinischen Namen abzuspeisen, den sie bald vergessen. Das Resultat ist dann ein sogenanntes Herbarium, aus dem sehr wenig mehr zu lernen ist als Namen, und das daher bald genug unbenutzt liegt und nicht einmal den eben erwähnten Nutzen mehr bringt.

[3]) Der Vater, Niels Linnaeus, war Prediger, dessen Amt in Råshult nur geringe Einkünfte abwarf. Er trieb daher Landbau und Blumenzucht. Carl Linnaeus wurde geboren am 23. Mai 1707. Der Vater wurde 1708 nach Stenbrohult versetzt in eine liebliche Gegend der Provinz Småland. Hier erhielt er einen grossen Garten, in dem über 400 Arten gezogen wurden. Dem 8jährigen Knaben Carl wurde ein Stück eingeräumt, wo er seine Lieblinge pflegte und durch Excursionen vermehrte. Linné starb 10. Januar 1778.

[4]) Philosophia botanica 1751 p. 2 ff.

[5]) Kaspar Bauhin 1560—1624, widmete sich neben den medizinischen, mit seinem Bruder Johannes botanischen Studien und wurde Professor in Basel. Sein Hauptverdienst liegt in der Zusammenstellung aller Synonyme, welche seinen Pinax noch heute wertvoll machen.

[6]) Ch. Plumier hatte Amerika, besonders die Antillen bereist; Sloane Barbados und Jamaika; J. Sherard Carolina, Florida und die Bahamas; Rumpf Asien und ebenso Kaempfer. Den Orient bereisten W. Sherard und Tournefort. Linné machte im Jahre 1732 seine berühmte und erfolgreiche Reise nach Lappland. Von Gärten waren bedeutend der Leydener botanische Garten, daneben derjenige Boerhaves; Cliffords Garten zu Hartecamp bei Haarlem, der Garten zu Chelsea bei London, der Jardin des plantes in Paris.

[7]) Vor Linné waren künstliche Systeme aufgestellt: von Caesalpin, Morison, Ray, Ammann, Hermann, Magnol, Boerhave, Rivinus, Knauth, Rupp, Ludwig Tournefort, Pontedera, Plumier, Vaillant. Linné selbst hatte vor seinem sogenannten Sexualsystem ein auf die Kelchform begründetes System aufgestellt.

[8]) Joseph Pitton de Tournefort, geboren 5. Juni 1656 in Aix, gestorben 28. Dezember 1708 zu Paris, wurde 1683 Professor der Botanik am jardin des plantes. Von seiner Reise nach Griechenland und Kleinasien 1700—1702 brachte er zirka 1300 neue Pflanzen mit. Sein System publizierte er in den „Institutiones rei herbariae" (1700) 3 Bde.

[9]) Diese Beziehung zwischen Unvollkommenheit des Systems und Unklarheit der Nomenclatur ist in der Geschichte der Botanik nicht genügend hervorgehoben. Linné's Erfolg in der Nomenclatur beruht wesentlich auf der Vollkommenheit seines Systems, welches erst die vereinfachte Namengebung zuliess.

[10]) Die Vorschriften, welche Linné in seiner philosophia botanica für die Wahl der Namen giebt, sind meisterhaft. Er weist auf die Absurdität der meisten alten Namen hin und fordert die Botaniker auf, seine Nomina vera zu wählen mit den Worten: Idiotae imposuere nomina absurda. Vergleicht man die aufgeführten früheren Namen mit den Linné'schen, so springt der ungeheure Fortschritt in die Augen. Dafür nur ein Beispiel, dass es falsch sei, verschiedene Pflanzen mit gleichen Gattungsnamen zu belegen: Quaecunque plantae genere differunt, diverso nomine generico designandae sunt.

ältere Namen:	Linné:
Trifolium arborescens	Cytisus
„ acetosum	Oxalis
„ fragiferum	Fragaria
„ hepaticum	Hepatica
„ palustre	Menyanthes
„ pratense	Trifolium

Man sieht, was die alte Nomenklatur alles zusammenwarf.

[11]) Er sagt z. B. Nomina generica quae charakterem essentialem vel Habitum plantae exhibent optima sunt, z. B. Glycyrrhiza, Myriophyllum, Galanthus. Nomina generica poëtica, Deorum ficta, regum consecrata et promotorum botanices promerita, retineo z. B. Adonis, Najas, Eupatorium, Cliffortia. Nomina generica ad botanici optime meriti memoriam conservandam constructa, sancte servanda sunt, z. B. Dillenia, Gesneria etc.

[12]) So nach Stöber. Von anderen werden diese Beziehungen für zufällige gehalten. Bei der Lust Linné's am Symbolisieren kann man aber eine Absicht wohl annehmen, besonders wenn man sich erinnert, dass Linné auf seinen Gegner Rosén sogar ein Attentat mit dem Degen ausübte, welches glücklicherweise für Beide ohne üble Folgen blieb.

Für die überschwängliche Bewunderung seiner Anhänger sprechen u. A. die folgenden Verse, mit denen Wildenow die Ausgabe der philosophia botanica schmückte:

Nocte sub alta,
Omnis late natura jacebat,
Vixit Linnaeus!
Lux et ubique fuit.

Was bleibt da für einen Galiläi oder Robert Mayer übrig?

Für Linné's eigene Ueberzeugung von seiner Grösse sprechen eine Menge Aufzeichnungen, die er selbst gemacht hat. So schreibt er von sich selbst: „Keiner hat vor ihm mit mehr Eifer sein Fach betrieben und mehr Auditoren gehabt. Keiner vor ihm ist über die ganze Welt berühmter geworden.“ In der philosophia botanica führt er unter den Botanici veri nur seine eigenen Werke auf. Während als Fructistae, Corollistae, Calycistae eine Reihe Botaniker genannt werden, steht bei den Sexualisten ein einsames, stolzes „Ego“, was zwar, da er der alleinige Erfinder des „Sexualsystems“ ist, richtig ist, aber doch den starken Beigeschmack souveränsten Bewusstseins hat.

Man muss jedoch hervorheben, dass es sich nicht um gemeinen Hochmut handelt, sondern um ein Selbstbewusstsein, das dem kindlich gesinnten Charakter entspringt. Jedermann wird versöhnt durch Linné's feste Ueberzeugung, dass seine Grösse ein Glück aus der Hand Gottes sei.

[13]) Antoine Laurent de Jussieu, geb. in Lyon am 12. April 1748, gest. am 17. September 1836 in Paris, als Professor der Botanik dort. Genera plantarum secund. ordines naturales disposita 1789.

Augustin Pyrame Decandolle, geb. 4. Februar 1778 in Genf, gestorben 9. September 1844 daselbst.

Robert Brown, geb. 21. Dezember 1773 in Montrose, gest. 1858 in London als Custos am britischen Museum. Bereiste 1801—1805 Australien und brachte grosse Sammlungen mit. Vermischte Schriften, deutsch von Nees von Esenbeck, 5 Bde. 1825—1834.

[14]) Mathias Jacob Schleiden, geb. 5. April 1804 in Hamburg, gest. 23. Juni 1881 in Frankfurt a. M., war zuerst Rechtsanwalt, 1839 Professor in Jena, 1863 Professor in Dorpat, lebte seit 1866 im Ruhestand.

[15]) Wilhelm Hofmeister, geb. 18. Mai 1824 zu Leipzig, gest. 12. Januar 1877 in Lindenau bei Leipzig. Als Buch- und Musikalienhändler beschäftigte er sich mit Naturwissenschaften, besonders Botanik. Der „Entstehung des Embryos der Phanerogamen 1849“ folgten 1851 die „Vergleichenden Untersuchungen der Keimung, Entfaltung und Fruchtbildung höherer Kryptogamen und der Samenbildung der Coniferen“. Aus dem Kaufmannsberufe wurde er 1863 als ordentl. Professor nach Heidelberg, 1872 nach Tübingen berufen. Mit de Bary und Sachs gab er das Handbuch der physiologischen Botanik heraus, für das er die „Lehre von der Pflanzenzelle“ und die „Allgemeine Morphologie der Gewächse“ schrieb.

[16]) Jan Ingenhousz, 1730 in Breda (Holland) geboren, lebte als Arzt in England, eine Zeitlang auch am Hofe Maria Theresia's. Nach England zurückgekehrt, starb er 1799. Seine „Versuche mit Pflanzen“, in denen er die Ausscheidung von Sauerstoff durch grüne Pflanzenteile erörterte, hatte er 1779 veröffentlicht. Die aus diesen Beobachtungen abgeleitete Theorie der Ernährung publizierte er zusammenhängend in dem Buche „Ueber Ernährung der Pflanzen und Fruchtbarkeit des Bodens“ 1796.

Théodore de Saussure, geb. 14. Oktober 1767 in Genf, gest. dort 18. April 1845, Sohn des ersten Montblancbesteigers H. Benedict de S. Sein Hauptwerk sind die „Recherches chimiques sur la végétation“ 1809.

[17]) Justus von Liebig's (1803—1873) in vielen Auflagen, zuerst 1840, erschienenes Werk „Die Chemie in ihrer Anwendung auf Agrikultur und Physiologie“ wirkte reformatorisch für alle Zeiten.

[18]) Hugo von Mohl, nicht weniger hervorragend als seine Brüder Robert, Julius und Moritz, war geboren 8. April 1805 in Stuttgart, starb 1. April 1872 als Professor in Tübingen.

Julius Sachs, geb. 2. Oktober 1832 in Breslau, gest. 19. Mai 1897 als Professor in Würzburg, darf als Begründer der modernen Pflanzenphysiologie bezeichnet werden. Zahlreiche grundlegende Arbeiten zeugen von seiner Schaffenskraft. In seinen „Vorlesungen über Pflanzenphysiologie" stellte er das Gebäude der Wissenschaft in seiner persönlichen Auffassung gemeinverständlich dar.

[19]) Ausser einigen Arbeiten von Sachs sind hier die Arbeiten von Vöchting (geb. 8. Februar 1847), Professor in Tübingen, als hervorragend und originell zu nennen. Seine Untersuchungen über Knollenbildung und über Transplantation an Pflanzen und andere, beanspruchen das weitgehendste physiologische Interesse.

FSC
www.fsc.org
MIX
Papier | Fördert
gute Waldnutzung
FSC® C083411

Zeitfracht Medien GmbH
Ferdinand-Jühlke-Straße 7
99095 Erfurt, Deutschland
produktsicherheit@kolibri360.de